怎样修建水窖

邹先欣　编著

中国建筑工业出版社

图书在版编目(CIP)数据

怎样修建水窖/邹先欣编著. —北京：中国建筑工业
出版社，2006
ISBN 7-112-08143-2

Ⅰ. 怎… Ⅱ. 邹… Ⅲ. 蓄水—建筑物—基本知识
Ⅳ. TU991.34

中国版本图书馆 CIP 数据核字(2006)第 023178 号

怎 样 修 建 水 窖

邹先欣　编著

*

中国建筑工业出版社出版、发行（北京西郊百万庄）
新 华 书 店 经 销
北京天成排版公司制版
北京建筑工业印刷厂印刷

*

开本：787 × 1092 毫米　1/32　印张：2⅝　字数：57千字
2006 年 4 月第一版　　2006 年 4 月第一次印刷
印数：1—2,500 册　　定价：**5.00** 元
ISBN 7-112-08143-2
(14097)

本社网址:http://www.cabp.com.cn
网上书店:http://www.china-building.com.cn

本书是一本有关水窖的科普性读物，也是一本实用的技术资料。全书共分八节，主要内容包括：水窖概述、水窖的组成与分类、水窖集水区、水窖窖体、水窖附属构筑物、水窖水质、水窖取水与水窖自来水、灌溉水窖等方面的基本知识，介绍有关水窖的结构尺寸等技术资料。

本书主要供广大农村朋友修建水窖作参考使用，亦可供有关方面有兴趣的朋友作参考。

*　　*　　*

责任编辑：赵梦梅
责任设计：赵明霞
责任校对：张树梅　刘　梅

前　言

　　水窖是储存水的地下构筑物，因为其下部窖体大、上口小，所以人们称之为"水窖"。水窖主要是收集天然雨(雪)水，及时储存，在缺水时为人们提供急需的水量。

　　水窖最早出现在西北和西南严重干旱缺水地区，由于水源匮乏，人们利用水窖收集和储存雨(雪)水，供人和牲畜饮用和农田灌溉等。在实践中，人们对水窖的功能和用途，有了进一步认识。水资源的匮乏，是由多种原因造成的，缺水既有气候原因，还与地形和地质条件有关。因各种原因引起的缺水，已不是个别地方，其范围很广，我国大部分地区都存在缺水问题。面对水资源日益紧张、水质日益恶化的情况下，水窖已不单纯是一种抗旱工具，也不仅只适用于局部的干旱缺水地区，水窖具有更广泛的使用价值和适用范围，在区域性干旱缺水地区、在南方和北方季节性缺水地区、在水污染引起的缺水地区，水窖都可以广泛使用，各地已有大量使用水窖的成功经验。修建水窖，投资少，见效快，技术可行，方便实用，具有较好的经济效益和社会效益。

　　为满足广大农村朋友修建水窖的需要，特编写了这本书，以供参考使用。本书介绍水窖的主要内容有：第一节水窖概述，介绍水窖功能、评价和适用范围；第二三四五节介绍水窖的组成、分类及其各部分的结构、构造和结构尺寸；第六节介绍水窖的水质情况、水质分析与评价、水质净化处理和水质保护措施；第七节介绍水窖取水与水窖自来水；第八节介绍灌溉水窖的特点、集水、水质和结构构造、尺寸等。

本书浅显易懂，简明实用，着重介绍水窖的基本知识、工程布置、简单的设计计算、常用的结构构造和尺寸，并附有关的技术资料。

由于笔者水平所限，错误难免，恳请读者批评指正。

目　　录

第一节　水窖概述

（一）什么是水窖 ・・・・・・・・・・・・・・・・・・・ 1

（二）水窖的功能与评价 ・・・・・・・・・・・・・ 1

（三）水窖的适用范围 ・・・・・・・・・・・・・・・ 4

第二节　水窖的组成和分类

（一）水窖的组成 ・・・・・・・・・・・・・・・・・・・ 8

（二）水窖的分类 ・・・・・・・・・・・・・・・・・・・ 9

第三节　水窖集水区

（一）集水区的类型 ・・・・・・・・・・・・・・・・・ 12

（二）集水区确定原则 ・・・・・・・・・・・・・・・ 15

（三）集水区面积计算 ・・・・・・・・・・・・・・・ 16

（四）集水区工程布置和构造 ・・・・・・・・・ 17

第四节　水窖窖体

（一）窖体的组成和类型 ・・・・・・・・・・・・・ 20

（二）窖体的选址原则 ・・・・・・・・・・・・・・・ 21

（三）窖体的容积计算 ・・・・・・・・・・・・・・・ 21

（四）窖体结构构造 ・・・・・・・・・・・・・・・・・ 26

第五节　水窖附属构筑物

（一）汇流沟槽 ・・・・・・・・・・・・・・・・・・・・・ 35

（二）沉砂滤池 ················· 39

（三）排水沟 ················· 41

第六节　水窖水质

（一）水质分析与评价 ············· 43

（二）水质净化处理和防止水污染措施 ······· 46

第七节　水窖取水与水窖自来水

（一）取水方式 ··············· 53

（二）手压泵取水及安装 ··········· 54

（三）水窖自来水 ·············· 56

第八节　灌溉水窖

（一）灌溉水窖的特点 ············· 63

（二）水窖集水与水质 ············· 64

（三）窖体结构构造 ············· 67

第一节　水窖概述

（一）什么是水窖？

水窖是建于地面以下的小型蓄水构筑物，它是利用地面或屋面承接、收集和储存天然降水(雨、雪水)，以备在缺水时使用。由于它下体大、上口小、且埋于地下，所以人们称之为"水窖"。

最早水窖出现在西北和西南严重干旱缺水地区，在地面水和地下水严重匮乏的情况下，人们利用地面或屋面收集、储存仅有的天然降水，供人们生活饮用、牲畜饮用或农田灌溉。它是水资源严重危机的产物，是天老爷"逼"出来的。

人们在实践中逐渐认识到，水窖有多种用途，既适合于区域性干旱缺水地区使用，而且在南方和北方因季节性缺水地区也有广泛用途。在水资源供需矛盾日益加剧情况下，特别是在水源被污染的地区，水窖可以发挥积极作用，水窖的功能和作用正在被人们逐步加深认识。

（二）水窖的功能与评价

水窖的容积不大，相对于江河、湖、库来说，水窖无法相比。但是，以工程规模大小评价好坏是不科学的，应从实际出发，对水窖应有客观的认识和正确评价。

（1）水窖具有应"急"供水功能。无论在南方还是在北方，在出现严重干旱缺水的关键时候，水窖提供的是"救命水"。水窖的储水，实际上是一种宝贵的备用水源，不缺水时不会感觉它重要，但在水源枯竭的情况下，水窖的水就身价百倍，是无价之宝。凡身陷缺水困境的人，会视水如命。水窖虽小，但它可以解渴，可以救命，可以用在关键时刻，它确实有应"急"的功能，这是人们通过实践获得的认知。

（2）水窖在季节性缺水时具有调节补水作用。在我国，普遍存在着季节性缺水问题，这是天然降水不均衡所致。每年，春夏季降雨多，雨水白白流失，秋冬季降雨少，出现枯水期，水量供需矛盾突出，即使在南方，也常常出现枯水季节严重缺水的状况。例如，在西南石灰岩地区，年平均降雨在 1000mm 左右，但因天然降雨不均衡，岩溶发育，蓄水困难，因此，有些地方每年缺水 100~150 天；东南沿海有些岛屿年降雨量在 600~1000mm 左右，但河短流急，水流滞留时间短，过量开采地下水又会使海水入浸，枯水季节，淡水资源十分短缺；黄土高原年降雨量 400~650mm，水土流失严重，地下水埋藏很深，开采困难，出现全年缺水状况；在华北、江南、华南各省，有时出现连续数月无雨，造成严重缺水的困难。在发挥各类水源骨干工程作用的同时，水窖也发挥了积极的调节补水作用，各地已出现使用水窖解决季节性缺水困难的范例。据资料介绍，陕西省有一户5口之家和1头大牲畜，修建容积30m³的水窖，使用节水方法，解决了全年人畜用水；河南省宝丰县姜家庄有58人和12头大牲畜，修建一座237m³的储水仓，使用节水方法解决了人畜全年用水；四川省涪陵地区经验认为，5口之家一般干旱年修建50m³水窖可以解决150天的生活用水。实践证明，水窖是解决季节性缺水问题的有效的"调节器"。

（3）水窖是解决区域性干旱缺水的重要手段。在区域性干旱缺水地区，不仅降水量时空分布不均衡，而且年降水量很少，年蒸发量大大超过年降水量，造成了大范围的全年性缺水。例如，我国新疆、甘肃、宁夏、青海、陕北、内蒙古西北部全年降雨量不足400mm，但年蒸发量在1500mm以上，年降雨量仅为年蒸发量的四分之一，为全国严重干旱缺水地区。在这些地区，如果不及时收集和储存天然降水(雨、雪水)，则降水会白白地蒸发和渗漏掉；如果没有跨流域的水源工程和开采地下水以解决严重干旱缺水，则人类无法生存。但地下水连年超采，地下水越来越深，有些已干涸无水。因此，人们修建水窖，收集储存雨雪水，利用有限的天然降水，克服严重干旱缺水问题。西北地区大量的实践证明，水窖在解决区域性缺水方面是行之有效的。

（4）水窖是"开源节流"的有效途径。由于天然降雨时空分布不均，人们对降雨量的有效利用不到总降雨量的一半，未被利用的降雨量大量流失。水窖的水则是来源于天然降雨或降雪，是收集和储存未被利用的降水量的一部分。它是新开辟的水源，通过人们节约用水，使"开源节流"落在实处，它在克服水资源供需矛盾方面，有不可忽视的作用。

(5) 水窖可以缓解水污染引起的缺水困难。据有关报道，人的疾病80％都与水的污染有关，水的污染已给人类带来了灾难。我国水的污染日益恶化，已严重制约我国经济社会的可持续发展。由于水资源被污染，使原来不缺水的变成了缺水地区，而水窖因集蓄天然降水，则可缓解这些地区引起的缺水困难。

(6) 水窖可以大幅提高水的有效保存率和利用率。由于水窖窖体具有防渗性能，它比同等容积的水塘可减少渗漏量90％以上。同时，水窖埋入地下，水窖的结构特点是窖体下部大，上部取水口小，除取水时有少量蒸发外，平时封口不发生水面蒸发，其蒸发量几乎为零，它比同等容积的水塘可减少蒸发量99％以上。由于水窖的蒸发损失和渗漏损失大幅度减少，使其储水有效保存率和利用率在95％以上，使窖水得到充分利用。

(三) 水窖的适用范围

通过实践，人们已逐步认识到，水窖已不单纯是一种抗旱工具，也不仅只是适用于局部的干旱缺水地区，面对水资源日益紧张、水质日益恶化的情况下，水窖具有更广泛的使用价值和适用范围。根据各地的实际应用情况，水窖适用于以下十类地区：

（1）东南沿海岛屿。由于岛上河短流急，天然降雨后，汇流速度快，河水易涨易退，滞留时间很短，河水很快汇入大海，而天然降雨非常集中，每年雨季过后少雨，溪流干涸，淡水奇缺，地下水又不能过量开采，否则，海水入浸，无法使用。在这些地区，使用水窖可以有效地补充水量，克服淡水不足的困难。

（2）区域性干旱缺水地区。全年降雨量少，年蒸发量大大超过年降雨量，由于无大的地面水源，地下水又埋藏深，造成大范围全年性严重干旱缺水。我国新疆、甘肃、宁夏、青海、陕北、内蒙古西北部等地区即为区域性全年严重干旱缺水。修建水窖，集蓄有限的天然降水，是解决缺水问题最现实、有效的途径。

（3）全国各地季节性缺水地区。在我国各地，普遍存在因天然降雨不均衡造成的季节性缺水问题，枯水期缺水长达 3~6 个月。但这些地区年降雨量比西北地区多。根据各地已有经验，利用水窖集蓄雨水，采取节水措施，连续、有效地补充枯水期的不足水量，可以克服季节性缺水问题。

（4）石灰岩缺水地区。在西南各省、两广部分地市和湘西等地区，不仅受大气降雨不均的影响，而且受地质条件的影响很大，岩溶发育，蓄水较困难，每年缺水

3～5个月。修建水窖可以有效地弥补缺水期所需的水量,各地已有许多成功的先例。

(5)深山峡谷区。由于地形条件形成的河谷深切,河水位置很低,村寨位置高,有的垂直距离数百米,有的地方雨水虽多,但因地形条件无法蓄水,河水又低,取水困难,望水兴叹。这些地方,使用动力提水,能耗大,成本高,很不经济。水窖则是解决缺水问题最现实、最经济、见效快的方法。

(6)浅山丘陵区。有些浅山丘陵地区,江河水流离村寨较远,又无力修建取水工程,地下水源埋藏较深,开采成本较高,又无其他水源可以利用。因此,采用水窖则是可行的方案,单家独户修建水窖或联户修建较大的水窖,都是经济合算的,技术上切实可行。

(7)水源污染区。水源污染范围很广,全国各地均有水源遭受污染的情况。在这些原先并不缺水的地区,由于水源被污染,使其变成了缺水区,城乡居民生活饮用水发生了严重困难。面对这种状况,应首选水窖分户或联户解决缺水问题。

(8)小流域地区。有些河川集雨面积小,河川径流量呈季节性变化,丰水期水量大,枯水期水量小,当地又无合适的蓄水地形,无法修蓄水工程。因此,当地居民在枯水季节缺水严重。为此,应修建水窖,充分利用当地季节性水源,引入水窖储存,以作储备水量,供枯水季节缺水使用。

（9）小型水利工程区。小型水利工程几乎遍布全国乡镇，具有防洪、灌溉、发电等各种效益。然而，发挥城乡供水效益的并不多，其原因是工程规模小，来水量不多，缺乏调节能力，向城乡供水的水量不足。为此，应充分利用水窖集蓄水量的功能，在丰水期，将水利工程排泄的水量引入水窖储存，以作储备水量，弥补枯季缺水的不足。因此，发展独户或联户使用的水窖，与小型水利工程配套使用，不仅可以解决居民生活饮用水，而且充分利用了水利资源，扩大了小型水利工程供水效益。

（10）沿海江河入海口。由于江河在枯水季节水位大幅降低，入海水量少，大量海水倒灌入浸，淡水变咸，无法供生活饮用，有的缺水数月之久。在远离淡水资源的情况下，采用水窖在枯水季节前储备淡水，以补充枯季缺水的不足，是补水的行之有效的方法。

第二节　水窖的组成和分类

（一）水窖的组成

水窖主要由集水区、窖体和附属构筑物组成，其中：集水区是收集天然雨雪水的场地；窖体则是在地面下储存雨雪水的构筑物；附属构筑物包括汇流沟槽、沉砂滤池和排水沟等三部分，汇流沟槽是指集水区边缘的汇流沟或汇流槽，是将集水区收集的雨雪水汇流至沉砂滤池，经过沉砂滤池沉淀过滤后的干净水流入窖体内，排水沟是设置在沉砂滤池前的汇流沟槽的一侧，在窖体蓄满水后将多余的水向外排泄。如图 2-1 所示。

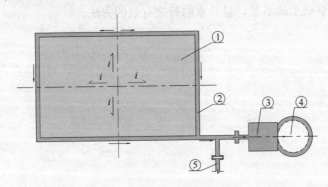

图 2-1　水窖平面示意图
①集水区（晒坝）；②汇流沟；③沉砂滤池；④水窖；⑤排水沟

(二) 水窖的分类

1. 按用途分类

按用途分类，主要有以下三类：

（1）生活饮用水窖。主要用于解决生活饮用水而修建的水窖，一般位于房前屋后，靠近厨房不远地方，但远离厕所；利用屋顶或场坝作为集水区，尽量避免污染源，防止水污染。修建水窖的窖体一般埋设于地面以下。水窖的储水水质一般要进行过滤净化和简单消毒处理，以防细菌繁殖。在第三节至第七节重点介绍生活饮用水窖内容。

（2）灌溉用水窖。主要用于农业灌溉而修建的水窖，分布于田边、地头或果木林地。广泛适用于农田和果园灌溉，特别适用于蔬菜地的田间配水灌溉。在第八节集中介绍灌溉水窖的有关内容。

（3）消防用水窖。由于农村远离城市，一旦发生火灾，没有专用的消防设施，灭火消防很困难。同时，由于农村房舍修建不规范，村内道路狭窄、不畅通，不利于防火。特别是没有自来水的村寨，没有消防水源，因此，修建消防水窖对农村防火安全是十分必要的。由于水窖一般埋设于地下，不占地面位置，与其他用地矛盾小，而且收集、储存降水，与其他用水水源不发生矛盾，因其小型分散，适合于农村灭火应急用水。同时，消防用水水质标准较低，农村雨雪水收集、储存比较容易。因此，修建消防水窖，不仅现在具有使用价值，而且对今后具有长远意义，应积极推广。消防水窖的窖体结构可参照生活饮用水窖和灌溉水窖，故未作专门介绍。

2. 按窖体结构形状分类

按窖体的结构形状不同，可分为圆柱形、正方形、长方形、酒瓶形、灯罩形等类型。

（1）圆柱形。窖体水平截面是圆形，窖身为圆柱体结构，底板和顶盖为圆形，这种形状的窖体受力条件好，壁受圆拱作用，抗侧压力较大；壁较薄，省材料；窖体容积较大，施工立模较复杂。

（2）正方形。窖体的水平截面是正方形，窖身呈正方形柱体结构，底板、顶盖均为正方形，其侧壁的受力条件比圆柱体差，但施工立模简单，侧壁墙体较厚。

（3）长方形。窖体水平截面是长方形，窖身呈长方形柱体，底板和顶盖均为长方形，往往中间设间隔墙将窖体分为数格，侧壁受力条件比圆柱体差，侧壁墙体较厚。

（4）酒瓶形。一般下部为圆柱体，上部为渐变缩口，其侧壁抗侧压力较大，口子小，水的蒸发量少，但施工较复杂。渐缩口不宜太小，否则，无法清洗和维修。

（5）灯罩形。一般下部为圆柱体，上部呈灯罩形状，即呈圆锥形，出口小，蒸发量少，其侧壁受力条件好，节省材料，但施工技术较复杂。

3. 按窖体结构材料分类

按结构材料的不同，可分为钢筋混凝土水窖、砖砌体水窖和浆砌石水窖。

（1）钢筋混凝土水窖。一般使用钢筋混凝土现浇的水窖窖体居多，窖体呈圆柱体，有顶开口，也有侧开口。钢筋混凝土水窖一般埋入地面以下，其顶盖与地面相平，或低于地面等多种形式。钢筋混凝土水窖一般适用于修建生活饮用水窖。

（2）砖砌体水窖。砖砌体水窖有圆柱形、长方形、正方形等形状，其中圆柱形和正方形等使用现浇混凝土顶盖或预制板顶盖，长方形则可用砖砌顶拱结构，或使用预制和现浇混凝土板顶盖，有侧开口和顶开口，容积与钢筋混凝土水窖相同。水窖一般埋入地面以下，但水窖墙壁较厚。砖砌体水窖一般适用于生活饮用水储存，也可使用于农田灌溉或果园灌溉储水，是一种造价较低的水窖。

（3）浆砌石水窖。浆砌石水窖有圆柱形和长方形等形状，顶部设钢筋混凝土现浇盖板或预制板，长方形砌石水窖则可使用浆砌石拱形顶结构，设有顶部开口或侧向开口两种形式。其容积与钢筋混凝土水窖相同。浆砌石水窖适用于当地有丰富石料建造，其造价较低。

第三节　水窖集水区

(一) 集水区的类型

天然降雨和降雪，是靠集水区承接和收集的，并使之形成的地面径流加以汇集，流入沟槽引向窖体内储存，这就是集水区的功能。如果没有集水区和配套的附属构筑物，天然雨雪水就会白白流失。

集水区可分为地面集水和屋顶集水两种类型。

(1) 地面集水区：主要有晒坝、院坝和坡地等三种类型。晒坝和院坝集水区，是利用居民居住区的院场和亮晒谷物的场地，兼作水窖的集水区，是经济、合理的，使场地得到充分利用，收集雨雪水与晒坝、院坝原来的用途不发生矛盾，只需稍加整修，造价较低。晒坝集水和院坝集水，如图3-1、图3-2所示。坡地集水区，通常利用村寨有一定天然坡度的空地集水，或利用稳定的山岩坡面集水。如图3-4所示。

(2) 屋顶集水区如图3-3所示：利用屋顶承接雨雪水，因其表面吸水少，径流形成快，收集的有效水量较多。有的屋顶四向都有坡面，有的屋顶只有两向坡面，有的只有一向坡面，还有的屋面是平顶。屋顶集水有设檐口水枧和不设水枧两种形式，详见第五节图5-2。屋

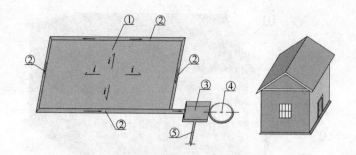

图 3-1　晒坝集水示意图

①集水区（晒坝）；②汇流沟；③沉砂滤池；④水窖；⑤排水沟

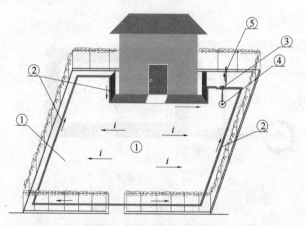

图 3-2　院坝集水示意图

①集水区（院坝）；②汇流沟；③沉砂滤池；④水窖；⑤排水沟

面集水比较干净，但也难免会有昆虫、鸟粪、杂物污染

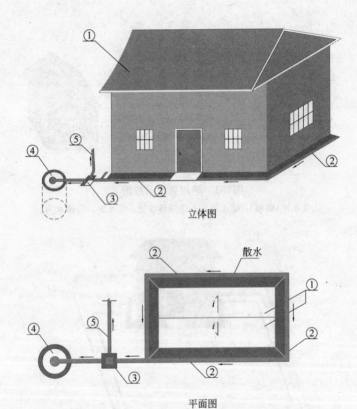

立体图

散水

平面图

图 3-3　屋顶集水示意图
①屋顶；②汇流沟；③沉砂滤池；④窖体；⑤排水沟

雨雪水，但污物量少，易处理。屋顶集水使用和管理方便，造价较低，应尽量加以利用。

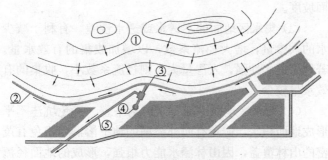

图 3-4　坡地集水示意图
①坡地(风水林地)；②汇流沟(拦山沟)；
③沉砂井；④水窖；⑤排水沟

（二）集水区确定原则

集水区是水窖储水的主要来源，其位置和面积大小是否得当，对水窖有直接影响。其确定原则是：

（1）集水区应具有足够的面积。其面积愈大，收集的雨雪水愈多，反之，收集的雨雪水则少。但面积愈大，将增加工程造价，应具有足够的面积较妥，在条件允许时应尽量增大集水区的面积。

（2）地面集水区应有一定的坡度。有利于雨雪水的收集，汇流速度快，时间短，坡度愈大汇集雨雪水的速度愈快，反之，汇集雨雪水的速度则慢。但并非坡度愈大愈好，若集水区地面抗冲刷能力差，则坡度大，易产生冲刷破坏，处理坡面的费用则高，这是不经济的。应因地制宜，在地面抗冲刷条件较好时，可选择较大的地面坡度。

（3）集水区地面的不透水或透水性差。有利于减少水的入渗量，增大径流系数，以增加收集的有效水量。若地面透水性强，入渗量大，则径流系数小，收集的有效水量较少。

（4）集水区地面一般要求较为平整。避免坑洼不平形成地面积水，避免有向外渗漏的地下溶洞，避免有茂密的山林覆盖，因山林涵水能力很强，形成的地面径流很有限，径流系数很小，对雨雪水的收集产生不利影响。但在茂密山林的坡脚，往往有泉水出露，则应加以充分利用。

（5）对地面集水区环境加以保护。地面集水区易受周边环境的影响，例如农村牲畜粪便、农药、鼠虫活动等污染集水区环境，从而使收集的雨雪水也受到污染。为此，应对地面集水区环境加以保护，经常清除污染源，确保地面集水区收集的雨雪水水质不受污染影响。

（三）集水区面积计算

集水区的面积主要与降雨量、径流系数和用水量等因素有关。集水区的面积计算可用以下公式：

$$F = \frac{1000W}{\alpha \cdot P}$$

式中　　F——集水区面积，m^2；

　　　　α——集水区径流系数，一般在 $0.3 \sim 0.8$ 之间，
　　　　　　　其中，透水性强的天然集水区，α 取下限

值；透水性弱的天然集水区，α 取中上限值；屋顶集水和防渗性较好的晒坝、院坝等集水区，α 取上限值；

P——年降雨量和降雪量，南方仅计年降雨量，一般选择典型的枯水年（$P=95\%$）降雨量较妥，应根据当地实际情况选定，mm；

W——水窖的容积，m^3，包括人畜饮用水量和生活水用量，应根据居民实际的用水定额、用水的人数和缺水天数计算，详见第四节介绍。

（四）集水区工程布置和构造

集水区工程布置和构造，与不同类型有关。

1. 晒坝、院坝集水区

利用农户晒坝作为集水区，是经济合理的。面积大小应按前述计算确定，也可根据农户实际地形条件确定面积的大小。晒坝应向四周修有一定坡度，以利雨雪水的收集汇流，坡度（i）选用 1%～3% 为宜。晒坝可采用三合土或低强度等级混凝土地面。其中，三合土地面材料采用石灰、砂、碎砖（或石）和水拌匀铺设夯实，一般配合比为：石灰（消石灰）：砂（中、粗砂、砂泥）：碎砖（石）＝1：2：4 或 1：3：6（体积比）；三合土地面厚度：虚铺 200mm，夯实厚度 150mm。

混凝土地面：采用 C8 或 C10 低强度等级混凝土，

混凝土地面厚度 80～100mm，地面四向坡度 1％～3％。施工时，应振捣密实，随铺随压光，浇筑后要进行混凝土养护 24 小时。面积较大的晒坝，应设伸缩缝，纵横缝间距 3～6m，缝宽 10mm，用沥青杉木条填缝。详见图 3-5。

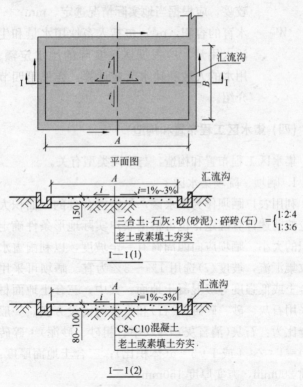

图 3-5　晒坝、院坝集水区平、剖面图

利用农户院坝作为集水区同样是较经济的，一般面积比晒坝大些，地面材料和厚度同晒坝集水区，但院坝有车辆通行时，则在三合土或混凝土底部应增加碎石砂垫层，厚 200mm。若经济条件有困难，院坝地面采用一般泥结石地面即可，但应平整，四面留坡度 1‰～3‰，周边修汇流沟，建附属构筑物。详见图 3-2 所示。

2. 屋顶集水区

利用农舍屋顶作集水区，比较简单，比上述晒坝、院坝集水区省事，仅需对屋顶周边屋檐作接水沟槽（详见第五节附属构筑物）。屋顶集水区面积很有限，应按前述公式核定集水区面积是否满足水窖蓄水量的要求，如果面积过小，则应增加晒坝或院坝集水区，否则，影响用水量的需求。如图 3-3 所示。

3. 坡地集水区

坡地集水区一般是利用天然山坡地、或村寨的缓坡地作为集水区，其工程布置也很简单。当天然山坡地有拦山沟时，应尽量加以利用，稍加清理或整修即可作为汇流沟；当村寨的缓坡地在坡脚无规则的排水沟可利用时，则应在坡脚开挖汇流沟，并与水窖连通。同时，对天然山坡地或村寨缓坡地的范围内，应按集水区的要求（前述确定原则）进行整修，阻塞集水区大的渗漏通道，清除污染源。如图 3-4 所示。

第四节 水窖窖体

(一)窖体的组成和类型

窖体是指储存雨雪水的构筑物,一般建在地面以下,它是水窖的主体。窖体通常由侧墙、底板、顶板、顶盖、进出口等部分组成。

(1)对窖体主要有以下要求:①具有防渗功能。为防止侧墙和底板渗漏,需进行防渗处理,使其不发生渗水;②具有防蒸发的功能。为此,要求进出口截面小,使水分蒸发少,尽量减少储水的蒸发量,有些窖体建成酒瓶形、灯罩形、缸形等,目的在于减小窖体储水的蒸发损失;③具有防止外界污染影响的功能。为此,顶部进出口设置顶盖,或设有防护网,以防止鼠虫进入窖体污染储水。同时,在雨雪水入窖前要经过沉砂滤池,以防止泥砂污物进入窖内,目的在于净化水质,使水质符合要求;④尽量使用当地材料,降低工程造价,减少工程投资;⑤生活饮用水窖应对水质有保护功能。窖体应埋设于地面以下,尽量减少地面气温对窖水的影响,以利抑制窖水中微生物的繁殖。

(2)窖体结构形状有:圆柱形、长方形、酒瓶形、灯罩形等。

（3）窖体的结构材料主要有：钢筋混凝土、砖砌体和浆砌石等三种类型。

（二）窖体的选址原则

（1）窖体的位置：①应尽量靠近用水点，以缩短取水距离，取水方便；②窖体应靠近集水区，以缩短汇流沟槽的长度；③当同时使用屋顶集水和院坝集水时，窖体尽量布置在二个集水区中间位置。

（2）应充分利用地势较高的地形条件，使窖体的储水尽量自流到用水点，以降低输水费用。

（3）窖体埋设于地面以下应布置在稳定的深挖地基上，地基承载力＞$10t/m^2$，窖体基础应以老土或岩基为持力层，若遇松散填土，应进行加固处理，以防止不均匀沉陷。

（4）窖体周边土层稳定，应防止发生滑坡、崩塌、险坑等危害。同时，窖体靠近房屋时，要预防窖体对房屋基础产生的不利影响，防止危及房屋的安全。

（三）窖体的容积计算

窖体的容积主要取决于缺水天数、用水定额和用水人数等因素。其计算方法主要有缺水天数法和年调节计算法，其中：缺水天数法是以满足一年中缺水期间用水量的需求为依据的，一年中缺水期有多少天，各地都不同，但当地是有根据的，而且比较准。所以，只要满足当地缺水期间的需水量，即为窖体的容积量。这一方法比较简单、方便、实用，已为广泛使用。此外，年调节计算法，是采用水利工程的调节水库典型年法进行计算的，选用典型年，考虑典型年来水过程的变化，计算的容积较合理，专业性较强，使用比较麻烦，适用于有条件的部门。在此推荐缺水天数法，采用以下公式计算窖体容积：

$$W = \frac{T \cdot q \cdot N}{1000}$$

式中　W——窖体容积，m^3；

　　　T——干旱缺水天数，应以当地实际发生的干旱天数，例如，南方石灰岩地区因季节性缺水天数约 100~150 天/年，各地因季节性缺水天数是不尽相同的，应按当地多年平均的缺水天数为准，天(d)；

　　　q——用水定额，即每人每天用水量，L/人·d。因季节性缺水地区，在缺水期内的用水定额不宜采用非缺水期的用水定额，因为缺水期普遍使用节约用水方法，水的重复利用率较高，在缺水情况下，用水量大幅减少。据有关资料介绍：陕西省有一户 5 口之家、1 头大牲畜，全年使用 $30m^3$ 水窖，平均每人每天用水量为 13.7L/人·d；四川省涪陵地区认为 5 口之家一般干旱年使用 50m³ 水窖能满足用水需求，平均用水定额为 27.4L/人·d；河南省宝丰县姜家庄 58 人、12 头大牲畜使用 237m³ 的贮水仓，解决了全年用水，平均用水定额 9.3L/人·d。在区域性干旱缺水地区全年缺水，在节约用水条件下，平均用水定额 <10L/人·d。总之，在计算窖体容积 W 时，应按缺水条件节水的用水定额。在缺乏资料时，节水用水定额可按每人每天 10~20L/人·d 确定，每头大牲畜可按每人每天用水量估算；

N——用水人数(含大牲畜头数)，人(或头)。

【例】 已知某地因季节性缺水困难，每年平均缺水 130 天，现有农户 5 口之家，大牲畜 2 头，需建多大容积的水窖？

计算：采用前述缺水天数法，在缺水期内每人用水额选 $q=10$L/人·d，用水人数 5 人，大牲畜 2 头按 2 人估算则 $N=7$(人，头)，缺水天数 $T=130$ 天，则窖体容积：

$$W = \frac{T \cdot q \cdot N}{1000} = \frac{130 \times 10 \times 7}{1000} = 9.1，即该户需窖体$$

容积 9.1m³。为计算方便，特提供窖体容积计算表，以供计算参考，详见表 4-1。

T_1 缺水天数 ＼ N	用水人数(含大牲畜头数)								
	3	4	5	6	7	8	9	10	15
20	0.60	0.80	1.00	1.20	1.40	1.60	1.80	2.00	3.00
25	0.75	1.00	1.25	1.50	1.75	2.00	2.25	2.50	3.75
30	0.90	1.20	1.50	1.80	2.10	2.40	2.70	3.00	4.50
35	1.05	1.40	1.75	2.10	2.45	2.80	3.15	3.50	5.25
40	1.20	1.60	2.00	2.40	2.80	3.20	3.60	4.00	6.00
45	1.35	1.80	2.25	2.70	3.15	3.60	4.05	4.50	6.75
50	1.50	2.00	2.50	3.00	3.50	4.00	4.50	5.00	7.50
60	1.80	2.40	3.00	3.60	4.20	4.80	5.40	6.00	9.00
70	2.10	2.80	3.50	4.20	4.90	5.60	6.30	7.00	10.50
80	2.40	3.20	4.00	4.80	5.60	6.40	7.20	8.00	12.00
90	2.70	3.60	4.50	5.40	6.30	7.20	8.10	9.00	13.50
100	3.00	4.00	5.00	6.00	7.00	8.00	9.00	10.00	15.00
120	3.60	4.80	6.00	7.20	8.40	9.60	10.80	12.00	18.00
140	4.20	5.60	7.00	8.40	9.80	11.20	12.60	14.00	21.00
150	4.50	6.00	7.50	9.00	10.50	12.00	13.50	15.00	22.50
160	4.80	6.40	8.00	9.60	11.20	12.80	14.40	16.00	24.00
180	5.40	7.20	9.00	10.80	12.60	14.40	16.20	18.00	27.00
200	6.00	8.00	10.00	12.00	14.00	16.00	18.00	20.00	30.00
250	7.50	10.00	12.50	15.00	17.50	20.00	22.50	25.00	37.50
300	9.00	12.00	15.00	18.00	21.00	24.00	27.00	30.00	45.00
365	10.95	14.60	18.25	21.90	25.55	29.20	32.85	36.50	54.75

注：1. 表中每人每天用水定额 $q=10L/$人·d(大牲畜每头每天用水同人定额)；

　　2. 表内各数值为 W 值。

查表举例:

① 已知用水人数 5 人,大牲畜 2 头,每人每天用水定额取 $q=10L/人·d$,缺水天数 140 天,需计算水窖容积是多少?

查表:用水人数 5 人,大牲畜 2 头,人畜用水数 $N=7$ 人。缺水天数 $T=140$ 天,据 T 查表,$T=140$ 天的横栏与 $N=7$ 人的纵栏二者相交,得,$W=9.8m^3$。

② 已知用水人数 58 人,大牲畜 12 头,每人每天用水定额 $q=10L/人·d$,缺水天数 $T=365$ 天,求水窖容积是多少?

查表:人畜用水数 $N=58+12=70$,因表中无 $N=70$ 纵栏,则先查 $N=10$ 人纵栏,与横栏 $T=365$ 天,二者相交得 $W=36.5m^3$,再将 W 乘以 7 倍,即得 $N=70$ 的水窖容积 $=36.5×7=255.5m^3$。

③ 已知用水人数 5 人,大牲畜 2 头,$q=10L/人·d$,缺水天数 130 天,求水窖容积是多少?

查表:$N=5+2=7$(人畜用水数),$T=130$ 天,而表中无此值,则应内插求之,即先令 $T_1=120$,$T_2=130$,查表 $N=7$ 与 T_1 相交得:

$$W_1=8.4m^3,\quad \frac{T_1}{T_2}=\frac{W_1}{W_2},\quad \frac{120}{130}=\frac{8.4}{W_2}$$

$$\therefore W_2=\frac{130}{120}×8.4=9.1(m^3)$$

(四) 窖体结构构造

1. 结构形式

窖体按结构形状和结构材料分类已在第二节作了介绍，但由于水窖用途不同，对储水的水质要求不同，其结构形式则有区别，为此，现简述生活饮用水窖的窖体结构形式。

生活饮用水窖应具有对水质的保护功能，即水窖里的储水水温不能过高，最高水温与最低水温的温差变幅较小，有利于抑制细菌繁殖，要求窖内水温稳定，接近于地下水的水温，有利于储水在较长时间里的水质保持稳定。为此，水窖全部埋入地面以下，窖体顶部填土厚度要求>1m。但窖体埋得太深，则增加窖体工程量，这是不经济的。合理的深度应是在满足最小填土厚度的前提下的深度。

窖体埋入地面以下，宜采用窖顶进水方案，不宜采用侧壁开口进水方案，因为会减少窖体储水的水深和储水量，降低窖体有效的储水容积。

2. 窖体的结构构造

生活饮用水窖体现有钢筋混凝土窖体、砖砌窖体和浆砌石窖体等三种结构形式。

(1) 钢筋混凝土圆柱形窖体结构构造：

① 钢筋混凝土圆柱形窖体结构尺寸（顶开口，窖深 $H_o < 3.0m$）：

详见图 4-1、表 4-2。

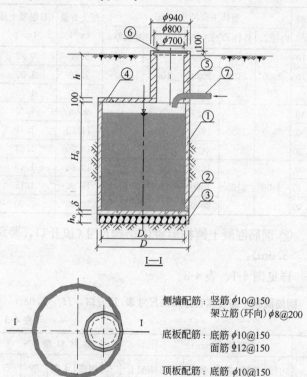

I—I

平面图

侧墙配筋：竖筋 $\phi10@150$
架立筋（环向）$\phi8@200$

底板配筋：底筋 $\phi10@150$
面筋 $\Phi12@150$

顶板配筋：底筋 $\phi10@150$
面筋 $\Phi12@150$
进出口边配加强筋 $2\phi12$

图 4-1　钢筋混凝土圆柱形窖体平、剖面图
①侧墙：混凝土；②底板：混凝土；③基础：M7.5 浆砌石，厚 h_o。见
表 4-2；④顶板：C15 混凝土，厚 100mm；⑤进出口：M7.5 砖砌
高 h；⑥顶盖：木板或铁板；⑦进水管：$\phi110\sim\phi150$PVC 管；
其中：$h=1\sim1.5$m 填土

钢筋混凝土圆柱形窖体结构尺寸表($H_o<3m$)　　**表 4-2**

容积 (m³)	窖体主要尺寸(mm)					挖土方量 (m³)	CB混凝土量 (m³)
	内径 D_o	外径 D	深度 H_o	底板厚 δ	基础厚 h_o		
5.10			1580			5.90	0.92
6.70	2000	2100	2080	100	300	7.60	1.09
8.20			2580			9.20	1.26
7.40			1420			9.00	1.20
9.90	2500	2600	1920	100	380	11.60	1.41
12.30			2420			14.20	1.62
9.90			1300			12.60	1.49
13.40	3000	3100	1800	100	450	16.30	1.75
17.00			2300			20.00	2.00

② 钢筋混凝土圆柱形窖体结构尺寸(顶开口,窖深 $H_o \geqslant 3.0m$):

详见图 4-1、表 4-3。

钢筋混凝土圆柱体窖体结构尺寸表(顶开口,$H_o \geqslant 3.0m$)
　　　　　　　　　　　　　　　　　　　　　　　　表 4-3

容积 (m³)	主要尺寸(mm)					主要材料量					
	内径 D_o	外径 D	深度 H_o	底板厚 δ	基础厚 h_o	混凝土 C10	挖土方量 (m³)	钢筋 (kg)	水泥 (kg)	砂 (m³)	石 (m³)
14.7	2500	2700	3000	200	450	5.03	20.2	24.3	1416	2.9	4.1
17.2	2500	2700	3500	200	500	5.40	23.1	24.5	1532	3.1	4.4
21.2	3000	3200	3000	200	450	6.50	28.3	36.0	1826	3.7	5.3
24.7	3000	3200	3500	200	450	7.00	32.4	36.0	1975	4.0	5.7
28.8	3500	3700	3000	200	450	8.22	37.8	53.8	2301	4.7	6.7

容积(m³)	主要尺寸(mm)					主要材料量					
	内径 D_o	外径 D	深度 H_o	底板厚 δ	基础厚 h_o	混凝土C10	挖土方量(m³)	钢筋(kg)	水泥(kg)	砂(m³)	石(m³)
33.7	3500	3700	3500	200	500	8.80	45.2	54.0	2473	5.0	7.1
38.5	3500	3700	4000	200	550	9.40	48.6	54.0	2653	5.4	7.6
44.0	4000	4200	3500	200	500	10.70	55.6	60.0	3000	6.1	8.4
50.2	4000	4200	4000	200	550	11.40	62.5	60.0	3219	6.5	8.7

（2）砌砖圆柱形窖体结构构造：

① 顶开口，$H_o < 3.0m$ 砌砖窖体：

详见图 4-2、表 4-4。

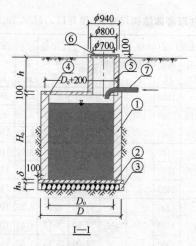

图 4-2　砌砖圆柱形窖体平、剖面图（一）

底板配筋：底筋 $\phi10@150$
　　　　面筋 $\Phi12@150$

顶板配筋：底筋 $\phi10@150$（纵横向）
　　　　面筋 $\Phi12@150$（环向）
　　　　进出口边配加强筋 $2\phi12$

平面图

图 4-2　砌砖圆柱形窖体平、剖面图（二）

①侧墙：M5.0 砖砌；②底板：C10 混凝土；③基础：M5.0
浆砌石；④顶板：C15 混凝土，厚 100mm；⑤进出口：
M5.0 砖砌高 h；⑥顶盖：木板或铁板；⑦进水管：
$\phi110\sim\phi150$ PVC 管；其中：$h=1\sim1.5$m 填土

砌砖圆柱形窖体结构尺寸表（顶开口，$H_o<3$m）　表 4-4

容积 (m^3)	主要尺寸(mm)					挖土方量 (m^3)	C10 混凝土 (m^3)	主要材料			
	内径 D_o	外径 D	深度 H_o	底板厚 δ	基础厚 h_o			砖 (m^3)	水泥 (kg)	中砂 (m^3)	石 (m^3)
5.10			1580			6.50	1.10	2.70	863	5.90	2.30
6.70	2000	2480	2080	100	300	8.40	1.10	3.50	977	6.90	2.30
8.20			2580			10.10	1.10	4.40	1103	8.00	2.30
7.40			1420			9.90	1.58	2.90	1187	8.00	4.00
9.90	2500	2980	1920	100	380	12.80	1.58	4.00	1342	9.30	4.00
12.30			2420			15.60	1.58	5.00	1483	10.50	4.00
9.90			1300			13.90	2.13	3.20	1600	10.80	6.00
13.40	3000	3480	1800	100	450	17.90	2.13	4.40	1769	12.30	6.00
17.00			2300			22.00	2.13	5.60	1939	13.70	6.00

注：顶板厚 100mm，C10 混凝土。

30

② 顶开口，$H_o \geqslant 3.0$m 砌砖窖体：

详见图 4-2、表 4-5。

砌砖圆柱形窖体结构尺寸表（顶开口，$H_o \geqslant 3.0$m）　**表 4-5**

容积 （m³）	主要尺寸(mm)					主要工程量(m³)		主要材料			
	内径 D_o	外径 D	深度 H_o	底板厚 δ	基础厚 h_o	C10 混凝土	挖土 方量	砖 （m³）	水泥 （kg）	砂 （m³）	石 （m³）
14.70	2500	3220	3000	200	450	2.44	22.20	9.70	1368	16.50	4.10
17.20	2500	3220	3500	200	500	2.44	25.40	11.30	1593	19.00	4.60
21.20	3000	3720	3000	200	450	3.26	31.10	11.40	1607	20.20	5.40
24.70	3000	3720	3500	200	500	3.26	35.60	13.70	1875	23.10	6.00
28.80	3500	4220	3000	200	450	4.19	41.60	13.10	1847	24.00	6.90
33.70	3500	4220	3500	200	500	4.19	49.70	15.30	2157	27.50	7.70
38.50	3500	4220	4000	200	550	4.19	53.50	17.50	2468	31.00	8.40
44.00	4000	4720	3500	200	500	5.25	61.20	17.30	2439	32.10	9.50
50.20	4000	4720	4000	200	550	5.25	68.80	19.70	2778	36.10	10.50

注：主要材料未计入 C15 混凝土的材料。

（3）浆砌石拱顶长方形窖体结构构造：

浆砌石窖体一般宜修建拱顶长方形，详见图 4-3 和表 4-6。表中容积是每米长度的窖体容积，修建时可根据需要的容积确定窖体长度，一般适用于石料丰富的地区。修建时，应采用防水砂浆抹面 20mm，使窖体、底板和内墙面具有防渗功能。

为窖体施工方便，现提供有关混凝土和砂浆配合比资料，见表 4-7～表 4-9。

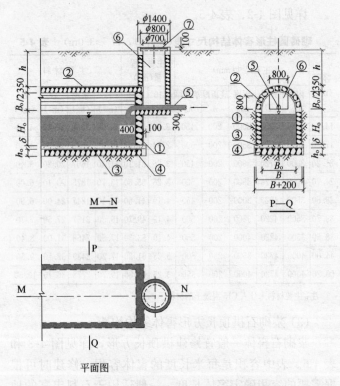

$M—N$ $P—Q$

平面图

图4-3　浆砌石拱顶长方形窖体平、剖面图

①侧墙：M7.5浆砌石；②顶拱：M7.5浆砌石；③底板：C10混凝土；

④基础：M7.5浆砌石；⑤进水管：$\phi110\sim\phi150$PVC管；⑥进出口：

M7.5浆砌石，厚300mm；⑦顶盖：木板或铁板

其中：$h=1\sim1.5$m填土

浆砌石拱顶长方形窖体结构尺寸表　　表 4-6

每米长度容积 (m^3/m)	主要尺寸(mm)						每米长工程量(m^3)		每米长材料用量		
	净宽 B_o	外墙宽 B	净高 H_o	拱高 $B_o/2$	底板厚 δ	基础厚 h_o	挖土方	C10 混凝土	块石 (m^3)	水泥 (kg)	中砂 (m^3)
3	2000	2800	1500	1000	150	400	5.7	0.33	2.7	381	3.2
4	2000	2800	2000	1000	150	400	7.1	0.33	3.1	437	3.7
5	2000	2800	2500	1000	150	400	8.5	0.33	3.5	494	4.2

混凝土配合比参考表(计量单位：$1m^3$)　　表 4-7

混凝土强度等级	水泥(kg)		中砂 (m^3)	碎石(20mm) (m^3)	水 (kg)
	41.68MPa 水泥	31.88MPa 水泥			
C10		311	0.60	0.89	200
C15		341	0.59	0.87	200
C20	341		0.59	0.87	200

砌筑砂浆配合比参考表(计量单位：$1m^3$)　　表 4-8

项　　目		31.88MPa 水泥(kg)	石灰(m^3)	中砂(m^3)	水(m^3)
水泥石灰砂浆	M2.5	141	0.127	1.198	0.40
	M5	225	0.076	1.198	0.40
	M7.5	297	0.330	1.198	0.40
	M10	363	0.015	1.198	0.40
水泥砂浆	M2.5	141		1.198	0.20
	M5	225		1.198	0.20
	M7.5	297		1.198	0.20
	M10	363		1.198	0.20

项 目		31.88MPa 水泥(kg)	石灰(m³)	中砂(m³)	水(m³)
石灰砂浆	1:2		0.152	1.168	0.50
	1:2.5		0.238	1.198	0.50
	1:3		0.202	1.198	0.50

抹灰砂浆配合比参考表(计量单位:1m³) 表4-9

项 目		水泥(kg)		防水粉(kg)	中砂(m³)	石灰(kg)	水(m³)
		41.68MPa	31.88MPa				
水泥防水砂浆	1:1(配比)	815		40.75	0.808		0.30
	1:2	543		27.16	1.079		0.30
	1:2.5	466		23.28	1.156		0.30
	1:3	402		20.12	1.198		0.30
水泥砂浆	1:1(配比)		815		0.808		0.30
	1:2		543		1.079		0.30
	1:2.5		466		1.156		0.30
	1:3		402		1.198		0.30
水泥石灰砂浆	1:0.3:4		302		1.198	46	0.40
	1:1:6		201		1.198	101	0.40
	1:3:9		131		1.121	196	0.60
	1:0.5:1		652		0.649	164	0.60

第五节 水窖附属构筑物

（一）汇流沟槽

汇流沟槽的主要功能是汇流和输水，即由集水区收集的雨、雪水形成的径流，汇入集水区旁边的沟槽内，并自流到沉砂滤池净化后流入窖体储存。

1. 汇流沟槽类型

汇流沟槽类型与集水区有关，不同的集水区有不同的汇流沟槽，主要有汇流沟和汇流槽两种形式。

（1）汇流沟。在地面集水区周边修建的沟槽即为汇流沟。如图 5-1 所示。

地面集水区包括院坝集水区和晒坝集水区，其汇流沟的形式相同。此外，在坡地集水区的汇流沟，一般利用坡脚的拦山沟作为汇流沟，但拦山沟的过水断面不规则，应按要求加以修整即可作为汇流沟。若坡地集水区在坡脚无拦水沟，则应按要求重新修建汇流沟，断面形式与图 5-1 中 1—1、2—2 剖面相同。

（2）汇流槽。在屋顶集水区周边修建的沟槽即为汇流槽，由屋檐水枧、集水管和地面汇水沟组成。如图 5-2 所示。

屋顶集水区的屋檐水枧是承接屋面收集的雨雪水汇

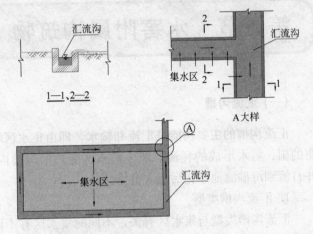

图 5-1　地面汇流沟示意图

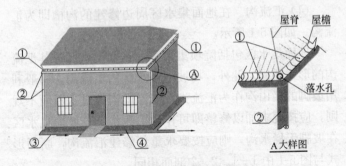

图 5-2　屋顶汇流槽示意图

①屋檐水枧；②集水管(竖向)；③地面汇水沟；④散水坡

流入枧槽内①，再流入屋角的竖向集水管②，从集水管底部流入地面汇水沟③，再从③流向沉砂滤池和窖体。

采用屋檐水枧和集水管汇流的水质较好，受地面污染较少，但增加了工程费用。若节省费用，则可不用屋檐水枧和集水管，从屋顶承接的雨雪水直接落入屋檐地面汇水沟内。

2. 地面汇流沟结构尺寸

地面汇流沟的结构尺寸如图 5-3 所示。汇流沟可用普通红砖石灰砂浆安砌，在过水面采用水泥砂浆抹面（三面光）。

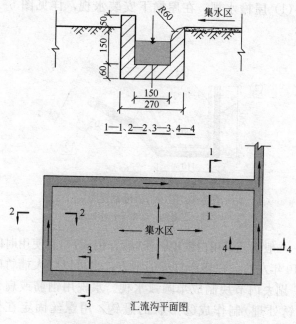

图 5-3　地面汇流沟平、剖面图

在集水区周边的汇流沟底坡(i)采用1‰~3‰，应根据院坝或晒坝的面积选择底坡度。

利用坡地的拦山沟作为汇流沟，应根据地形坡度选择沟底坡度，尽量适应地形坡度，断面尺寸也可根据拦山沟原有尺寸确定，但不应小于图5-3所示过水断面。

3. 屋顶汇流槽结构尺寸

屋顶汇流槽主要由屋檐水枧、集水管和地面汇水沟组成。

（1）屋檐水枧。在屋檐下安装水枧，详见图5-4所示。

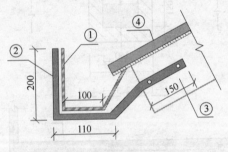

图5-4　屋顶汇流槽剖视图
①水枧；②悬钩；③椽子；④瓦沟

一般水枧采用白铁皮制作（镀锌钢板），其使用时间约10年左右。在盛产竹子的地方，也可以将大楠竹破开，剔去内节块制成半圆弧水枧。水枧用钢筋或扁钢（防锈处理）制作成②形状的悬钩，用螺丝固定在椽子上。

（2）集水管。如图 5-2 所示，集水管安装在屋角水枧相交叉处，水枧交叉处有落水孔，内径 $\phi80$。集水管顶与屋角落水孔对准固定，集水管垂直安装，管底落入地面汇水沟，或地面散水坡上。集水管底端与汇水沟底或散水坡距离 ≥100mm，集水管可采用 $\phi100$PVC 管或采用楠竹，梢径 $\phi100$。

（3）地面汇水沟。可参照图 5-3 汇流沟断面尺寸，汇流沟在地面的位置应对准屋檐口为妥，一般布置在散水坡外侧，详见图 5-2。

（二）沉砂滤池

1. 功能

沉砂滤池是由沉砂井和过滤池组成的。其功能是接汇流沟槽的来水，流入泥砂井，因流速减缓，使来水中的砂粒、泥块和杂物等沉入井底，经过初次沉淀的水再流入过滤池，经过干砌石、卵石和石英砂过滤，促使水中微小絮体颗粒絮凝，去除水中的悬浮物和细微杂质，使水达到净化目的。详见图 5-5 所示。这种简易砂滤池可就地取材，投资较省，施工简单，过滤效果较好。

2. 容积

沉砂井和过滤池有一定容量，在过滤前使来水能短暂停留，有一定储水作用。过滤前的容积有关尺寸 A_0、A 和 B，视窖体容积而定，其中，A_0＝500～1000mm，

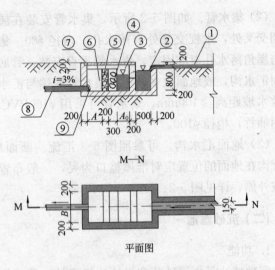

图 5-5　沉砂滤池平、剖面图

①汇流沟槽；②沉沙井；③过滤池；④干砌石；⑤细砾石：
粒径 5～20mm；⑥石英砂：粒径 0.5～1.0mm；⑦盖板；
⑧输水管：ϕ10～ϕ150PVC 管；⑨土工滤布 2 层(包裹内管端)

A＝500～1200mm，B＝800～1500mm，窖体容积较小时，A_0、A、B 取下限值，反之，取上限值。

3. 材料

(1) 沉砂滤池可采用 M5 水泥石灰砂浆砌砖结构，内墙用 M5 水泥防水砂浆抹面，厚 20mm。也可以采用 M5 浆砌石建造，水泥砂浆勾缝。

(2) 滤池干砌石采用普通毛石，砌筑密实；卵石采用粒径 5～20mm；石英砂采用粒径 0.5～1.0mm。

（3）集水管采用 $\phi110\sim\phi150$ PVC 塑料管，管内端用 2 层土工滤布包裹，以防砂粒随水流带入管内。输水管壁与滤池壁衔接应采用高强度等级水泥防水砂浆安砌，要求密实、坐浆饱满不渗漏。顶部采用木板或混凝土预制板，或现浇 C10 混凝土盖板。

（三）排水沟

排水沟是设置在沉砂滤池之前的汇流沟一侧的排水构筑物，其主要功能是排水，即当窖体已蓄满水之后，多余的水从排水沟排泄，以防多余的水向周边漫流，详见图 5-6 所示。

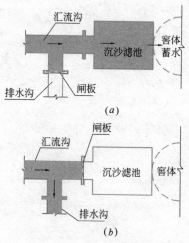

图 5-6　排水沟平面图
（a）蓄水；（b）排水

在排水沟入口处设有小闸板，平时将其插入闸槽内，使汇流沟槽的水流向窖体方向；当窖体水蓄满后，则将排水沟入口处的小闸板取出，并插入沉砂滤池入口处的闸槽内，截断流向沉砂滤池的水，使水流朝排水沟方向排泄。排水沟断面一般采用宽×高＝150mm×150mm，砖砌底厚与侧厚均为 60mm。

第六节　水窖水质

（一）水质分析与评价

生活饮用水水质是否安全可靠，关系到每个人的健康和生命安危的问题。水窖里的存水，长达数月之久，其水质安全可靠吗？还能供人们生活饮用吗？……人们对水窖水质情况，普遍关心，产生许多疑虑。非常可贵的是，有关部门和地区对水窖的存水水质进行过观测和化验，获得了宝贵资料。现介绍贵州省毕节地区和四川涪陵地区有关水窖水质化验和水温观测情况。

1. 水质化验情况

贵州省毕节地区，曾于 1987 年 12 月～1988 年 5 月历时 6 个月，每月取样进行化验 1 次。化验结果是：细菌总数含量均符合国家饮用水水质标准的规定指标；大肠菌群偏多。据悉，主要是水源汇集、过滤等设施不完善所致。

四川省涪陵地区，曾于 1988 年～1989 年历时 2 年的观测检验，所取的窖水水样化验结果表明，其一般化学和毒理学指标均达到国家生活饮用水水质标准规定的要求；其观感、细菌学 6 项指标不合标准。

2. 水温变化情况

贵州省毕节地区曾从 1987 年 10 月到 1988 年 4 月，历时 6 个月对窖内储水进行了观测，每隔 1 周观测 1 天，在上午、中午、下午各观测 1 次。观测结果是：地表气温最高 24℃，最低 4℃，温差变化 20℃；与此同时，窖内温度最高 11℃，最低 7℃，温差变化仅 4℃。

3. 水质分析与初步评价

通过上述资料简介和各地实际使用情况表明，水窖水质是安全可靠的，比想像的情况要好得多，比江河湖泊等地面水源的水质稳定。

(1) 水窖的水质成分不复杂。其原因是水窖水体受影响的范围较小，因此，其含一般化学物质和毒理学有害物质很少，而这两类共 25 个指标，是生活饮用水水质标准的监控重点，其中一般化学性状有 11 个指标，毒理学有 15 个指标。这些物质的来源是很复杂的，而水窖的水来源单一，主要是收集天然降雨或降雪形成的径流，流程短，影响很有限，即使在降雨、降雪过程中，受大气影响也是很有限的。四川涪陵地区历时 2 年的实测结果证明，水窖的水质一般化学性状和毒理学指标均符合国家生活饮用水水质标准。这一结果表明，水窖的水质在重点监控指标方面，一般是符合国家规定标准要求的。

(2) 水窖水质受气候影响较小，有利于抑制细菌繁殖。贵州省毕节地区观测结果表明，水窖内的温度比较稳定，温差变化很小，仅为同期地面温差变化的四分之一。气温对微生物繁衍有直接影响。温度高，微生物繁殖速度快，反之，其繁殖速度则慢。水窖埋入地面以下，其水温一般接近于当地的地下水的水温，而较低的水温具有抑菌作用。贵州毕节地区的化验结果是，窖水细菌总数含量均符合国家规定的饮用水水质要求。说明较低的窖温对改善细菌学指标是有效的。如果改变水窖环境，在地面条件存水数月之久，其水质会怎样变化呢？不用试验人们便知，其细菌学指标肯定超过规定标准的要求。所以，要确保水窖水质稳定的一个重要条件是，窖体必须埋入地面以下，使窖水处于低温状态，有效抑制细菌繁殖，才能降低或改善水质细菌学指标。

（3）水窖水质比较稳定。水窖埋入地面以下，实际上是人工造成的地下水环境，水窖虽与地下水不同，但在水温条件方面，二者有相似之处。广东清远市有一处商业大厦施工工地，于1994～1995年间，每年元月实测地面以下1米深的地下水温为7℃～8℃，地面气温15℃～16℃，温差8℃；每年8月中旬实测地面以下1米深的地下水温13℃～14℃，工地气温为34℃～35℃。该工地实测虽不很准确，但反映了当地气温和地下水温的变化趋势，夏季地下水与冬季地下水的温差约6℃，而与此同时，地面气温的温差为19℃。广东地处南方，地下水的温差变化，约为地面气温温差的三分之一，说明地下水的温差变化小，是一个普遍规律。它间接说明，无论何地的水窖，类似于地下水受气温影响很小。

更重要的原因是，水窖的水源影响因素少，收集的雨雪水形成的径流流程很短，所以其水质比较稳定，它远比江河湖泊等地面水源水质要稳定得多。

（4）水窖水质一般不存在特殊水质问题。一般地下水的水质较好，但也存在含锰、铁、氟等元素较高的情况，由此产生了"特殊水质"问题。对于在农村的条件下，处理这些特殊水质问题困难较多，处理的成本较高。水窖由于其水的来源一般不存在特殊水质问题产生的条件，水质成分比较单一，即使水质有些问题，处理也比较简单，处理的成本也比较低。

（5）水窖水质在感官性状和细菌学指标方面，易受周边环境影响而超标，这是水处理方面应关注的重点。感官性状有色、浑浊度、臭和味、肉眼可见物等4个指标，细菌学有细菌总数、总大肠菌群、游离余氯等3个指标，这些都是生活饮用水水质应达到的基本要求。由于水窖是靠天然雨雪水的收集汇流得来的水源，收集场所是否有污染源直接影响水质。根据贵州和四川对水窖水质化验结果表明，其大肠菌群和观感、细菌学指标等不合格，都是雨水汇集场所污染的结果造成的。然而，感官性状和细菌学指标不合格的处理比较简单，处理的成本也比较低。只要认真采取沉淀、过滤和消毒的处理措施，水窖水质就能达到国家规定的水质标准的要求。

（二）水质净化处理和防止水污染措施

1. 保护集水环境

（1）在地面集水区的范围内，应搞好环境卫生和环境保护，应防止牲畜、家禽在集水区内活动，更不得在集水区内放养，不得在集水区内耕作、喷洒农药或施肥，以防止其对集水区的污染；

（2）当以院坝作集水区，或以集水区兼作晒坝时，应随时进行清扫，特别是在雨雪水收集前，要清除集水区和汇流沟槽内的杂物、污泥，用雨雪水先冲洗脏水流入排水沟向外排泄，再承接干净水沉淀过滤入窖；

（3）对于屋顶集水区，应尽量选用瓦屋顶或水泥屋面，避免使用沥青、油毡等有毒材料，以免污染水质；

（4）对于屋顶未设屋檐水枧和集水管的农户，由地面屋脚散水坡外汇水沟承接雨雪水，则应经常打扫散水坡和汇水沟，清除畜禽粪便和沟内外污物，以免收集的雨雪水受到污染。

2. 对集水进行净化处理

由于集水区承接的雨雪水不可避免地会携带一些泥砂和杂物，因此汇集的雨雪水形成的径流不宜直接入窖，应在入窖前经过沉砂井和过滤池进行净化处理，先经过沉砂井沉淀，去除粗颗粒杂质，再流入过滤池过滤，去除水中的悬浮物和絮凝状物质，使收集的水得到净化处理，再流入窖内储存。

3. 进行消毒处理

（1）消毒是为杀灭水中的病原菌，使水质达到生活饮用水卫生标准。一般经净化后的地表水或地下水，都需要进行消毒，生活饮用水窖的储水经净化后，同样需进行消毒处理。同时，在雨季应及时注意更换窖水，使水体尽量保持新鲜。

（2）为使水质安全卫生，应对窖水进行定期的监测化验，由卫生防疫部门对水质进行监控。现介绍以下消毒处理方法，供参考使用，详见表6-1。

表中的氯化消毒是自来水常用的消毒方法，费用低，有持续的杀菌消毒作用。加热消毒是家庭常用的消毒方法，不需要特殊设备，也不需要消毒药剂，使用比较方便。

现介绍氯化消毒的具体方法：消毒剂主要是漂白粉，其中有干投法和湿投法两种。

干投法：将漂白粉250～500g装在有孔的塑料袋或装入竹筒等耐腐蚀容器内，孔径约2mm左右，孔的数量应根据窖的容积而定，通常每立方米（m³）容积开3个孔，容器内装入漂白粉后将其吊在浮筒上再放入窖水里，使容器浮于水面上，取水时容器受到扰动，使漂白粉溶散于水中杀菌消毒。要求每隔5～10天取出容器，加一次漂白粉。

湿投法：将漂白粉约500g装入塑料袋内，再加入少量的水，调成糊状，扎紧袋口，并在袋的上部约1/3处开4～5孔，孔径约2mm，再用绳子悬吊于窖水中，沉入水面以下0.5m，或悬吊在浮筒下放入窖水中。要求每半个月加一次漂白粉。

水消毒处理方法

表 6-1

项 目	氯化消毒（使用液氯）	臭氧消毒	紫外线消毒	加热消毒	溴和碘消毒	金属离子消毒（银、铜等）
接触时间(min)	10～30	5～10	最小	15～20	10～30	120
有效性细菌	有效	有效	有效	有效	有效	有效
有效性病毒	有一定效果	有效	有一定效果	有效	有一定效果	无效
有效性孢子	无效	有效	无效	无效	无效	无效
优点	费用低，能长时间保持有剩余游离氯，有持续的杀菌消毒作用	能消灭病毒和孢子，还能加速地去除色、味、臭，氧化物无毒	不需要化学药剂，消毒快	不需要特殊设备	对眼的刺激较小，其余与氯相似	具有持久性的灭菌效果
缺点	对某些孢子和病毒无效，氯化物有异臭、异味，如三氯代甲烷等甚至有毒	费用大，消毒作用短暂，不能保持有效剩余量	费用大，消毒作用短暂，对去除浊度的预处理要求高	消毒作用缓慢，费用大	比氯消毒作用缓慢，费用略高	消毒作用缓慢，费用大，效果易受污染胺等物的影响
备注	目前最通用的消毒方法	欧洲国家广泛使用	实验室小规模的工业用水使用	家庭用	游泳池有时使用	—

总之，水窖的水体中的余氯含量≥0.05～0.1mg/L（毫克/升）。

4. 防止大气污染水质

水窖的储水来源于天然降雨或降雪，其水质与大气环境密切相关。如果大气环境质量未受污染，空气中不含有害物质，则天然雨雪水对自然生态和人类健康不会发生任何危害影响；如果大气环境质量不好，空气中含有害物质，则天然雨雪水对自然生态和人类健康会产生不同程度的不利影响，甚至会产生危害的后果。所以，水窖的水质好坏，取决于大气环境质量，取决于空气是否受到污染物的影响。因此，必须防止大气污染水窖水质的不利影响。那么，在农村条件下怎样防止大气污染水窖水质呢？首先是对水窖水质进行观察，经常注意窖水颜色是否有反常的变化，闻闻窖水有什么异常的气味，尝尝窖水有什么怪味，一旦发现有异常变化，应立即向当地卫生防疫部门反映，及时进行水质化验，查清水质异常变化的原因，以获得可靠的检查结果。

在农村，如果无大型的工矿企业对环境的污染，则水窖水质受大气污染的可能性很小；如果附近有工矿企业对环境有较大污染时，则水窖水质受大气污染的可能性较大，对此要引起关注，加强对水质的观察和监控。

为便于了解对空气污染物的浓度限值，详见表6-2。

空气污染物浓度限值

表 6-2

污染物名称	浓度限值(mg/标准 m³)			
	取值时间	一级标准	二级标准	三级标准
总悬浮微粒	日平均①	0.15	0.30	0.50
	任何一次②	0.30	1.00	1.50
飘　尘	日平均	0.05	0.15	0.25
	任何一次	0.15	0.50	0.70
二氧化硫	年日平均③	0.02	0.06	0.10
	日平均	0.05	0.15	0.25
	任何一次	0.15	0.50	0.70
氮氧化物	日平均	0.05	0.10	0.15
	任何一次	0.10	0.15	0.30
一氧化物	日平均	4.00	4.00	6.00
	任何一次	10.00	10.00	20.00
光化学氧化剂(O_3)	一小时平均	0.12	0.16	0.20

注：本表摘自《大气环境质量标准》（GB 3095—82）。

　　① 为任何一日的平均浓度不许超过的限值；

　　② 为任何一次采样测定不许超过的浓度限值。不同污染物"任何一次"采样时间见有关规定；

　　③ 为任何一年的日平均浓度均值不许超过的限值。

大气环境质量标准。

大气环境质量标准分为三级：

一级标准　为保护自然生态和人群健康，在长期接触情况下，不发生任何危害影响的空气质量要求。

二级标准　为保护人群健康和城市、乡村、动植物，在长期和短期接触情况下，不发生伤害的空气质量要求。

三级标准　为保护人群不发生急、慢性中毒和城市一般动植物（敏感者除外）正常生长的空气质量要求。

第七节 水窖取水与水窖自来水

（一）取水方式

水窖取水主要有以下四种方式，即：人力取水、手压泵取水、自流供水和水窖自来水。这些取水方式有各自的特点和使用条件。

（1）人力取水

人力取水就是靠人力使用绳索吊水桶，从窖体进出口提水到地面，以供使用。这是最原始的取水方式，取水工具最简单，但费力费时，效率低，适合于经济条件较困难的地区使用。

（2）手压泵取水

手压泵又称手压管井或手压机井，一般用于提取浅层地下水，拉动手压机头上的压把，使地下水提升流入水桶供使用。将手压泵安装在水窖取水口上，吸水管伸进窖水里，手压机头即可提取窖水。这种取水方式省力，比人力取水效率高，适合于缺电地区使用，在农村应用比较广泛，是一种很实用的提水工具。

（3）自流供水

当水窖地势较高，窖体的高程高于用水点时，则可以采取自流引水至用水点，即采用输水管从水窖底部引水到用水户。这种取水方式，是利用窖体至用水点的高差输水的，不需要能源动力，使用方便。但必须是地形条件允许的情况下才能自流取水的，使用条件很有限。

（4）水窖自来水

水窖自来水是利用微型电泵在水窖进出口提水，通过管道输水到用户，并与用户室内供水管道联通，供厨房、浴室淋浴器、洗衣机、厕所等供有压水，用户即可用上家庭自来水。这种取水方式，省时省力，用水很方便，但必须是有电力供应的地区，经常停电地区不宜使用。

（二）手压泵取水及安装

手压泵在农村浅层地下水丰富的地区，已得到广泛使用，同样适合于水窖取水。手压泵设备简单，造价低，施工容易，农村用户自己可以安装，不需要特殊的施工机具，可以安装在水窖取水口台板上，台板采用木板或铁板。

手压泵是由压水机头和吸水管两部分组成，如图7-1所示。

其中压水机头可在市场上购置成套装置，也可以自己加工制作，但自己加工制作工艺不如购买的成套装置。压水机头主要由压把、拉杆、机筒、机嘴、法兰、皮膜单向活塞、单向阀板、胶垫等组成。机头一般用铸铁或碳钢制成，内径约140mm，机筒长约400mm，活

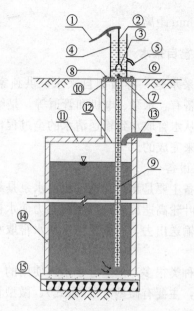

图 7-1 手压泵取水示意图

①压把；②拉杆；③花篮；④机筒：长 400mm，内径 140mm；
⑤机嘴；⑥皮膜单向活塞；⑦单向闸板；⑧胶垫；⑨吸水管：
内径 32～50mm；⑩台板：木板（厚 50mm）、钢板；⑪顶盖（见
第四节）；⑫进水口（见第四节）；⑬进水管（见第四节）；⑭水窖
侧墙（见第四节）；⑮基础（见第四节）

塞行程约 140～180mm，出水口内径约 60～70mm，位
于机头上部约四分之一处，进水口与吸水管相配套，在
进水口与活塞中间装一个单向阀板。吸水管内径 32～
50mm，一般采用镀锌管或 PVC 硬塑管，吸水管上端与
压水机头相接，下端插入窖水里，吸水管底部离窖底约

留 100～150mm 距离。

(三) 水窖自来水

水窖自来水是一种微型自来水，供独家或联户使用，主要设备有：水泵、电机和管道等，是给水系统不可缺少的，从水窖取水到输送清水的全过程，都是靠这些主要设备来完成的。

1. 抽水设备

抽水设备主要是水泵和电动机，水泵是靠电动机传动的，其中叶轮高速旋转，产生离心力使水被提升，通过管道将水输送出去，它主要用于从水窖取水和向用户输送清水。

水泵的种类很多，但适合于水窖使用的一般是功率较小的水泵，主要有微型电泵（卧式）、微型管道泵和普通离心泵等类型。

（1）微型电泵

亦称微型电动水泵，它是清水泵。一般是由水泵和电机组装一体的成套抽水设备，使用单相电源（220 伏）居多，流量从 $0.3～15m^3/h$（立方米/时），吸水扬程 $6～10m$，配套电机功率 $0.3～1.0kW$（千瓦），总扬程 $20～60m$，重量 $7.5～25kg$（公斤）。微型电泵具有扬程高、流量小、自吸时间短，重量轻、体积小、运行平稳、性能可靠、经久耐用的特点，广泛适用于村镇独家自来水或联户自来水。详见表 7-1、表 7-2。

表 7-1

微型电泵（清水泵）一览表

水泵系列	型号 电机	型号 水泵	配用电动机参数 功率(W)	转速(转/分)	电压(伏)	频率(赫)	电容器(微法/伏)	水泵参数 流量(米³/时)	扬程(米)	吸程(米)	进出水管径(毫米)	外形尺寸(mm) 长	宽	高	重量(kg)
DB系列普通清水泵	yyB6332	DB35	335	2800	220	50	10/450	2.40	35	6~8	25	256	145	156	7.5
	yyB7122	DB45	550	2800	220	50	13/450	3.00	45	6~8	25	292	155	176	9.5
	yyB7142	DB65	750	2800	220	50	20/450	3.00	65	6~8	25	285	165	245	11.0
DBZ自吸清水泵	yyB6332	DBZ35	335	2800	220	50	10/450	2.40	35	6~8	25	256	160	210	8.5
	yyB7122	DBZ45	550	2800	220	50	13/450	3.00	45	6~8	25	260	175	295	10.5
	yyB7142	DBZ65	750	2800	220	50	20/450	3.00	65	6~8	25	285	165	245	12.0
DK系列泵	yyB6332	IDK14	335	2800	220	50	10/450	7.50	13	7	25	280	150	180	8.0
	yyB7122	IDK20	550	2800	220	50	13/450	9.00	20	6~8	25	295	155	176	12.0
	yyB7142	1.5 DK20	750	2800	220	50	20/450	15.00	20	6~8	25	300	155	180	12.5
ZX自吸泵	yyB6332	IZX14	335	2800	220	50	10/450	7.00	14	6	25	310	133	298	10.0

表 7-2

DB 系列微型电泵（清水泵、旋涡泵）一览表

| 单相220V50Hz 泵型 | 功率 | | 吸程 H_s(m) | 口径（吋） | | 流量 Q | L/min | 5 | 10 | 20 | 30 | 40 | 50 | 60 |
	kW	HP		入口	出口		m³/h	0.30	0.60	1.20	1.80	2.40	3.00	3.60
IDB35	0.33	0.50	6~8	1	1	扬程（m）		32	30	19	10	5		
IZDB35	0.33	0.50	6~8	1	1			32	30	19	10	5		
IDB45	0.55	0.75	6~8	1	1			42	38	29	20	12	6	
IZDB45	0.55	0.75	6~8	1	1			42	38	29	20	12	6	
IDB65	0.75	1.00	6~8	1	1			63	60	46	31	16	6	
IZDB65	0.75	1.00	6~8	1	1			63	60	46	31	16	6	

58

（2）管道泵

亦称管道式离心泵，其结构独特、紧凑，泵与电机轴承配置合理，机组体积很小，泵运行平稳，噪声较低。广泛适用于城乡给排水、高层建筑增压送水、工业、消防等增压。其适用于水窖自来水的主要型号有：WG、SCP、ISG 型等系列。其中 WG 系列（微型管道泵）流量范围 $1.0\sim1.4m^3/h$，扬程范围 $8\sim16m$，吸程 $3\sim4m$，功率 $0.06\sim0.12kW$，重量＜10kg；scp 系列（自动自吸管道泵）流量范围 $2\sim3.5m^3/h$，扬程 $20\sim40m$，吸程 $6\sim10m$，功率 $0.18\sim0.75kW$，重量＜15kg；IRG、ISG 系列（普通型）管道泵流量范围 $1.1\sim3.3m^3/h$，扬程 $8.5\sim48m$，功率 $0.18\sim0.75kW$，重量 $17\sim29kg$）。详见表7-3。

管道泵（WG、scp、IRG 和 ISG 系列）一览表　表 7-3

系列型号		功率（kW）	电压（V）	扬程（m）	吸程（m）	流量（m³/h）	口径（mm）	重量（kg）
15WG-16		0.12	220	16	3～4	1.40	15/20	＜10
15WG-12		0.06	220	12	3～4	1.00	15/20	＜10
scp-180A		0.18	220	20～25	6～8	2.00	25	＜15
scp-180A		0.37	220	30～35	6～8	3.50	32	＜15
scp180A 自动		0.18	220	20～25	6～8	2.00	25	＜15
scp750A 自动		0.75	220	25～40	8～10	3.50	25	＜15
IRG、ISG 系列	15～80	0.18	220	7.0～8.5	必须汽蚀余量2.3	2.0～1.1	15	17
	20～110	0.37	220	13.5～16	2.3	3.3～1.8	20	25
	20～160	0.75	220	30～33	2.3	3.3～1.8	20	29

（3）普通离心泵

它是清水泵，常用单级单吸离心泵（IS 系列）流量范围较大，使用三相电源，不适合水窖自来水使用。

2. 供水管道

主要分室外输水管道和室内配水管道两部分。其中，室外输水管道主要是从水窖取水泵出口至用户室外的管道长度，当水窖离用户较近时，室外输水管较短；当水窖距用户较远时，则室外输水管较长。室外输水管采用镀锌水管或 PVC 塑料管较多。室外输水管总长＜50m 时，独户供水采用 $\phi25$ 管径较妥；当总长＞50m 时，采用 $\phi50$ 的管径较妥。当联户供水时，管径则应通

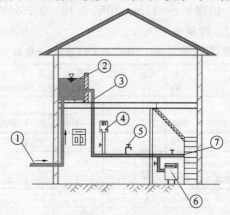

图 7-2　用户室内管道安装示意图

①水窖输水管；②楼上蓄水池；③配水管；④燃气热水器；

⑤水龙头；⑥洗衣机；⑦至厕所水管

过水力计算确定。

　　室内配水管，一般采用 φ20 或 φ15 的镀锌水管或 PVC 管较多，室内管网布置应根据用户的要求和厨房、

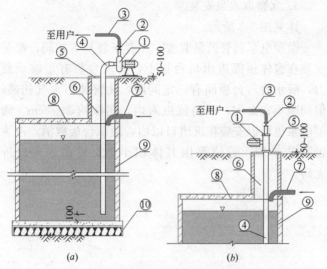

图 7-3　水窖取水泵安装示意图

　　(a) 微型电泵取水：①微型电泵(单向电源 220V)；②出水闸阀 φ25～φ50；③出水管(PVC)φ25～φ50；④吸水管(PVC)φ25～φ50；⑤台板：木板厚 50mm、钢板(见第四节)；⑥进水口(φ700，见第四节)；⑦进水管(见第四节)；⑧顶盖(见第四节)；⑨水窖侧墙(见第四节)；⑩基础(见第四节)

　　(b) 管道泵取水：①管道泵；②出水闸阀 φ25～φ50；③出水管(PVC)φ25～φ50；④吸水管(PVC)φ25～φ50；⑤台板：木板厚 50mm、钢板(见第四节)；⑥进水口(φ700，见第四节)；⑦进水管(见第四节)；⑧顶盖(见第四节)；⑨水窖侧墙(见第四节)

洗浴房、厕所等位置，分别设置水龙头，如有必要也可以设置室内水池，或在屋顶、二楼设置高位水池，以供淋浴用水。如图 7-2 所示。

3. 水窖取水泵安装

详见图 7-3 所示。

微型电泵和管道泵取水，二者安装基本相同，都是安装在窖体顶部进出口台板上，要求台板有足够承载力，吸水管与台板间有一定间隙，使窖体与大气相通，但间隙不宜太大，以防鼠虫入内，间隙约 2~3cm。微型电泵也可以安装在进出口以内，顶部台板取消，改为带孔防护罩。管道泵因其体积小，安装在进出口外无碍。

第八节　灌溉水窖

(一) 灌溉水窖的特点

(1) 灌溉水窖是一种微型水利工程，为农田和果木林地提供灌溉水源，虽然提供的水量很有限，但它提供的是"救命水"，是在作物和果木最缺水的关键时刻提供关键水量，以缓解旱情，减缓干旱造成的损失，它是一种有效的抗旱设施。

(2) 灌溉水窖是节水灌溉的配套设施。它通过地面承接、收集和储存天然降水，使存留的部分水资源得到合理利用。水窖与喷灌、滴灌等微灌设备配套使用，达到节水灌溉的目的。由于灌溉水窖埋入地面以下，大幅降低了窖水的水量蒸发损失，窖体进行防渗处理，减少了水量渗漏损失，从而大幅提高了储水的有效利用率。

(3) 灌溉水窖既是蓄水池，又是田间配水池，常与农药、化肥等稀释混合液体对农作物和果木林进行喷淋，既可灌溉，又可施肥、配水杀虫等，发挥了重要的配水功能。

(4) 灌溉水窖具有小型、分散的特点，有利于工程布置，可以充分利用田边、地头和果园的实地修建。

(5) 灌溉水窖埋入地面以下，不占耕地。

（二）水窖集水与水质

（1）水窖集水。

灌溉水窖是利用山坡地承接和收集天然降水（雨雪水），汇集流入坡脚的拦山沟或流入坡坎脚的汇流沟内，最后流入拦山沟下游方向的沉砂井内，经沉淀粗颗粒泥砂后，清水流进灌溉水窖的窖体内储存。如图8-1所示。

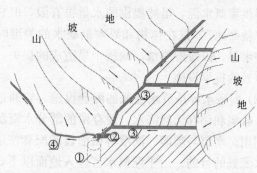

图8-1 灌溉水窖集水示意图
①灌溉水窖；②沉砂井；③汇流沟（拦山沟）；④排水沟

（2）水窖水质要求。

灌溉水窖收集和储存的天然降水，应符合我国农田灌溉水质标准，详见表8-1。即应满足以下五点要求：①应无病原菌；②不破坏土壤的结构和性能，不使土壤盐碱化；③土壤中重金属和有害物质的积累不超过有害水平；④不危害农作物，影响产品的产量；⑤不污染地下水等。

我国农田灌溉水质标准（GB 5084—92）（单位：mg/L）

表 8-1

序号	项　目		水　作	旱　作	蔬菜
1	生化需氧量（BOD₅）	≤	80	150	80
2	化学需氧量（CODcr）	≤	200	300	150
3	悬浮物	≤	150	200	100
4	阴离子表面活性物（LAS）	≤	5.0	8.0	5.0
5	凯氏氮	≤	12	30	30
6	总磷（以 P 计）	≤	5.0	10	10
7	水温，℃	≤	35		
8	pH 值		5.5～8.5		
9	全盐量	≤		1000（非盐碱土地区） 2000（盐碱土地区） 有条件的地区可以适当放宽	
10	氯化物	≤		250	
11	硫化物	≤		1.0	
12	总汞	≤	0.001		
13	总镉	≤	0.005		
14	总砷	≤	0.05	0.1	0.05
15	铬（六价）	≤		0.1	
16	总铅	≤		0.1	
17	总铜	≤		1.0	

序号	项 目		水 作	旱 作	蔬菜
18	总锌	≤		2.0	
19	总硒	≤		0.02	
20	氟化物	≤		2.0(高氟区) 3.0(一般地区)	
21	氰化物	≤		0.5	
22	石油类	≤	5.0	10	1.0
23	挥发酚	≤		1.0	
24	苯	≤		2.5	
25	三氯乙醛	≤	1.0	0.5	
26	丙烯醛	≤		0.5	
27	硼	≤		1.0(对硼敏感作物,如:马铃薯、笋瓜、韭菜、洋葱、柑橘等);2.0(对硼耐受性较强的作物,如小麦、玉米、青椒、小白菜、葱等);3.0(对硼耐受性强的作物,如:水稻、萝卜、油菜、甘蓝等)	
28	粪大肠菌群数,个/L	≤		10000	
29	蛔虫卵数,个/L	≤		2	

根据灌溉水窖实际使用情况，其水质是安全可靠的，完全可以达到灌溉水质的标准。在实际工程中，应注意防止山坡地受到污染影响，排除可能的污染源。

（三）窖体结构构造

1. 窖体容积

灌溉水窖的容积大小，取决于灌溉作物的种类、灌溉定额和灌溉方法。但由于灌溉水窖的容积较小，只适用于喷灌、滴灌等节水灌溉方法，其容积应通过节水灌溉要求确定，建议根据实际地形条件、灌溉面积、节水灌溉定额和当地经济条件等综合因素确定窖体容积。

2. 窖体结构构造

由于灌溉水窖的储水，对水源没有特殊要求，为减少深挖的工程量，宜适当抬高窖体的高程，窖顶覆土深度可以浅些，当有耕作要求时，窖顶覆土深度取耕作土层厚度，若顶无耕作要求，窖顶可露出地面。

通常采用浆砌石和砖砌体，两种结构材料造价较低，适用于灌溉水窖。

（1）浆砌石拱顶长方形窖体结构构造：见图 8-2 和表 4-6。

顶拱长方形浆砌石窖体，为减少开挖深度一般其顶部可以平地面、或露出地面；若为了利用顶部地面进行耕作，也可以按耕作层厚度降低窖体，使顶拱在耕作层以下，则进出口结构形式与第四节图 4-3 相同。其结构

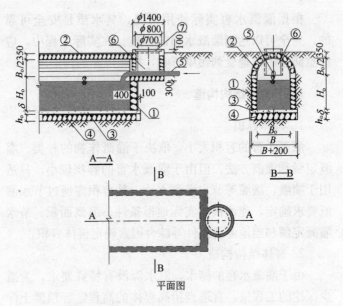

图 8-2　浆砌石拱顶长方形窖体平、剖面图

①侧墙：M5.0 浆砌石，M5 防水砂浆抹面厚 20mm；②顶拱：M7.5
浆砌石；③底板：C10 防水混凝土；④基础：M5.0 浆砌石；⑤进
水管：$\phi 110 \sim \phi 150$ PVC 管；⑥进出口：M7.5 浆砌石，厚 300mm；
⑦顶盖：木板或钢板；其中：$h = 1 \sim 1.5$m 填土

尺寸见表 4-6。其中底板厚改为 50mm，C10 防水混
凝土。

（2）砌砖土顶圆柱形窖体结构构造。

窖体结构尺寸同第四节表 4-4、表 4-5 和图 8-3。为
降低工程造价，窖侧墙采用 M5 石灰砂浆砌砖结构，M5

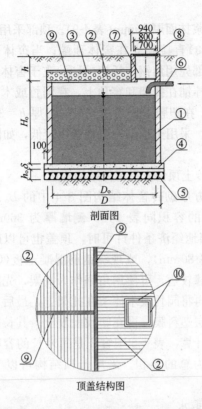

剖面图

顶盖结构图

图 8-3 砌砖土顶圆柱形窖体平、剖面图

①侧墙：M7.5 石灰砂浆砌墙，M5.0 水泥防水砂浆抹面厚 20mm；②顶盖：圆竹或木棒支撑；③顶盖塑料膜：上面复土 $h=300mm$ 或耕作土层厚；④C10 防水混凝土：厚 50mm；⑤基础：M5.0 水泥砂浆砌块石；⑥进水管：$\phi110\sim\phi150$PVC 管；⑦进水口：M5.0 砌砖，侧墙 120mm；⑧进水口盖板：木板；⑨顶盖托架：角钢（等边 60mm×60mm）；

⑩进水口托架：角钢焊接内孔 700mm×700mm

水泥防水砂浆抹面厚20mm(表4-9)。顶部采用圆竹或木棒(梢径$\phi 100$)直接架立在窖体顶端;当窖体内径较大时,可在顶部先用角钢作托架(见⑨)支于窖体顶端,再将圆竹或木棒铺在托架和窖顶上,在圆竹或木棒上铺塑料膜(2层),在塑膜上铺素填土(压实)厚$h = 300mm$或耕作土层厚。采用土顶结构工程费用较低,如图8-3(1)所示。

(3) 砌砖土顶长方形窖体结构构造。

复土长方形砌砖窖体结构图8-4中的B_0、H_0、h_0和每米长度的容积同表4-6。侧墙厚为360mm,$\delta = 50mm$。在当地经济条件许可时,顶盖也可以改用混凝土预制板(厚80mm),或现浇钢筋混凝土板(C10)。当地园竹或木棒较短,可使用角钢作为托架,先架立在窖体侧墙顶,再将园竹或木棒架在托架上,最后在园竹或木棒上铺2层塑料膜,再在塑膜上复土。其长度可根据需要的容积计算,表4-6中容积是每米长的容积乘以选定的长度即为总的容积。采用土顶结构可以节省工程投资。

3. 水窖取水

灌溉水窖取水,可以采取人力取水、手压泵取水、自流引水等方式。详见第七节介绍。灌溉水窖在无电源条件下,不宜采用微型电泵抽水,在有条件地方,可以使用汽油泵抽水灌溉,也可以利用喷灌机取水喷灌。

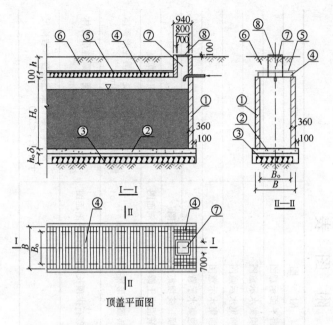

图 8-4　砌砖土顶长方形窖体平、剖面图

①侧墙：M7.5 石灰砂浆砌墙，M5.0 水泥防水砂浆抹面厚 20mm；
②底板：C10 防水混凝土；③基础：M5.0 水泥砂浆砌块石；④顶盖：
圆竹或木棒(梢径 ϕ100)支撑；⑤顶盖塑料膜(2 层)；⑥复土：h＝300mm
　或耕作土层厚；⑦进水口：M5.0 砌砖，侧墙 120mm；⑧顶板：木板

附 图 表

节 号	页 码	附 图	附 表
第二节	P8	图 2-1 水窖平面示意图	
第三节	P13	图 3-1 晒坝集水示意图	
	P13	图 3-2 院坝集水示意图	
	P14	图 3-3 屋顶集水示意图	
	P15	图 3-4 坡地集水示意图	
	P18	图 3-5 晒坝、院坝集水区平剖面图	
第四节	P24、27	图 4-1 钢筋混凝土圆柱形窖体平剖面图	表 4-1 水窖窖积计算表
	P28、29、30	图 4-2 砌砖圆柱形窖体平剖面图	表 4-2 钢筋混凝土圆柱形窖体结构尺寸表（H_0<3m）
	P28、29、32	图 4-3 浆砌石拱顶长方形窖窖体平剖面图	表 4-3 钢筋混凝土圆柱形窖体结构尺寸表（H_0>3m）
	P30		表 4-4 砌砖圆柱形窖体结构尺寸表（H_0<3m）

72

续表

节　号	页　码	附　　图	附　　表
	P31		表4-5　砌砖圆柱形管体结构尺寸表（$H_o>3m$)
	P33		表4-6　浆砌石拱顶长方形管体结构尺寸表
	P33		表4-7　混凝土配合比参考表
	P33		表4-8　砌筑砂浆配合比参考表
	P34		表4-9　抹灰砂浆配合比参考表
第五节	P36	图5-1　地面汇流沟示意图	
	P36	图5-2　屋顶汇流沟示意图	
	P37	图5-3　地面汇流沟平剖面图	
	P38	图5-4　屋顶汇流槽剖视图	
	P40	图5-5　沉砂滤池平剖面图	
	P41	图5-6　排水沟平面示意图	
第六节	P49		表6-1　水消毒处理法

续表

节 号	页 码	附 图		附 表
	P51			表6-2 空气污染物浓度限值
第七节	P55、57	图7-1 手压泵取水示意图		表7-1 微型电泵(清水泵)一览表
	P60、58	图7-2 用户室内管道安装示意图		表7-2 DB系列微型电泵(清水泵、旋涡泵)一览表
	P61、59	图7-3 水窖取水泵安装示意图		表7-3 管道泵(WG、SCP、IRG和ISG系列)一览表
第八节	P64、65、66	图8-1 灌溉水窖集水示意图		表8-1 我国农田灌溉水质标准(GB 50842)
	P68	图8-2 浆砌石拱顶长方形窖体平剖面图		
	P69	图8-3 砌砖土顶圆柱形窖体平剖面图		
	P71	图8-4 砌砖土顶长方形窖体平剖面图		
		总共22个图		总共15个表